Todas tenemos trenzas

por Adjoa J. Burrowes

traducido por Esther Sarfatti

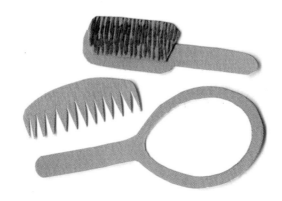

Bebop Books

An imprint of LEE & LOW BOOKS Inc.

Tengo siete trenzas.

Tengo seis trenzas.

Tengo cinco trenzas.

Tengo cuatro trenzas.

Tengo tres trenzas.

Tengo dos trenzas.

¿Cuántas trenzas tengo?